ENGENHEIROS AGRÔNOMOS E ALIMENTOS

Reflexões sobre uma profissão permanentemente atual

Fotos da capa: Stevanovicigor by Depositphotos imagebank

FEALQ

© FUNDAÇÃO DE ESTUDOS AGRÁRIOS
LUIZ DE QUEIROZ - FEALQ

Av. Centenário, 1080
13416-000. Piracicaba, SP, Brasil

Fone: 19-3417-6609
livros@fealq.org.br
www.fealq.org.br

Catalogação na Publicação
DIVISÃO DE BIBLIOTECA – DIBD/ESALQ/USP

Lima, Urgel de Almeida
Engenheiros agrônomos e alimentos: reflexões sobre uma profissão permanentemente atual / Urgel de Almeida Lima e Beatriz Dias Corrêa Xavier. - - Piracicaba : FEALQ, 2021.

28p.

ISBN: 978-65-89722-08-3

1. Alimentos 2. Engenheiros agrônomos I. Xavier, B. D. C. II. Titulo

CDD 664

Elaborada por Maria Angela de Toledo Leme - CRB-8/3359

ISBN 978-65-89722-08-3

ENGENHEIROS AGRÔNOMOS E ALIMENTOS

Reflexões sobre uma profissão permanentemente atual

Urgel de Almeida Lima
Engenheiro Agrônomo
ESALQ-USP – 1951

Beatriz Dias Correa Xavier
Engenheira Agrônoma
FCAV -1993 – /UNESP Jaboticabal

2021

Agradecimentos à colaboração de

Samuel de Oliveira Lima- ***in memoriam***

Engenheiro Agrônomo - ESALQ-USP - 1957

ENGENHEIROS AGRÔNOMOS E ALIMENTOS

Os engenheiros agrônomos estão indelevelmente associados à produção de alimentos. A Engenheira Agrônoma e o Engenhheiro Agrônomo são o produto mais importante de um curso de Engenharia Agronômica. Quando eles foram aprovados no exame de ingresso, por mais que tivessem sido informados sobre a matéria que iriam conhecer, não poderiam vislumbrar a miríade de oportunidades que lhes estariam disponíveis ao obter o diploma.

Tornados profissionais, a preocupação imediata é conseguir uma ocupação que lhes propicie um futuro independente e equilibrado, mas nem sempre o que encontram combina com o que simpatizavam ao ouvir os professores. Entretanto, o horizonte é amplo e os diplomados em engenharia agronômica encontram atividades a desenvolver no comércio, na indústria, na agrometeorologia, no combate a doenças e pragas, na produção de energia, na agricultura de precisão, na pecuária, na produção vegetal, na aquicultura, no ensino, na pesquisa e na produção de tecnologias, para citar apenas alguns exemplos.

Para destacar a importância da engenharia agronômica e o trabalho de seus diplomados, há quem diga que ela é a profissão do futuro, porém a expressão não é perfeita. Na realidade, a engenharia agronômica é, e será continuamente atual, porque acrescenta constantemente novas técnicas aprendidas com a evolução da agricultura e nas contínuas pesquisas realizadas em todas suasáreas de atuação.

Quando os autores se propuseram a escrever um texto sobre o papel dos profissionais da engenharia agronômica na sociedade, optaram por fazê-lo na área de alimentos, que é básica para o homem e para animais. O texto é eminentemente didático e visa a descrever de maneira simples a importância dos engenheiros agrônomos na produção de alimentos.

Eles são os profissionais que cuidam da produção agrícola, aqui compreendida como o conjunto da vida vegetal que cresce da terra e os animais que dela vivem e constituem os elementos que neutralizam a fome.

O proprietário rural, que é o primeiro elo da cadeia produtiva de alimentos, depende de uma somatória de fatores para obter sucesso. Este é representado por produção que satisfaça suas necessidades e de seus familiares. Além disso, deve conseguir recursos a mais para garantir o bem estar de todos, mais supérfluos, continuidade da exploração agrozootécnica, ajustes, expansão, contínuo aumento e modernização. Esse conjunto de coisas significa lucro, que é alcançado com boa administração e colaboração de vários profissionais, entre os quais se destacam os engenheiros agrônomos.

Diplomados em carreira multidisciplinar, com formação em ciências exatas, biológicas, sociais e econômicas, são profissionais aptos a se adaptar às mais diferentes exigências e, por consequência atuar de forma totalmente positiva na produção de alimentos primários, manufaturados e em sua conservação e distribuição.

O profissional ou a profissional que atende ao produtor rural tem conhecimentos técnicos e facilidade de comunicação, que os capacita a conquistar sua confiança. Eles agem como consultores e, ao mesmo tempo extensionistas, divulgadores de atividades na agricultura e estimuladores do produtor para com sua propriedade. Ao evidenciar suas vantagens e desvantagens oferecem-lhe opções para produzir mais e melhor, em menos tempo e com gastos menores.

Os engenheiros agrônomos orientam o produtor familiar, e contribuem positivamente para melhorar os alimentos e como manusear e conservar o material colhido. Se o produtor tiver excedentes (frutas, flores, raízes, hortaliças ou outros), o engenheiro agrônomo recebeu informações que lhe permitem auxiliar o proprietário a aproveitá-los. Se não, tem como auxiliar na procura das fontes adequadas.

Os profissionais aqui descritos em geral, fazem parte de instituições oficiais dependentes de órgãos oficiais do Ministério da Agricultura, Secretarias de Estado de Negócios da Agricultura e de Secretarias de Agricultura Municipais. Também são lotados em órgãos de fomento e em Instituições de pesquisa direcionados ao estudo de pragas e doenças, instituições de Defesa Animal e Vegetal, controles de quarentena vegetal e animal, sempre voltados a práticas que, em última análise buscam produzir mais, com garantia de qualidade superior e de custo mais baixo.

Os órgãos de exportação também contam com a colaboração ativa de formados em escolas de engenharia agronômica. Elas existem por todo o país, públicas e privadas, quiçá em todos os estados, todas voltadas ao ensino das técnicas agrozootécnicas e às pesquisas. Estas versam sobre olericultura, melhoramento, fisiologia de plantas, fertilidade de solos, combate a pragas e doenças, adubação, plantio de transgênicos e organismos geneticamente modificadas, florestas, agrometeorologia, criação e tantas outras.

A produção de alimentos é importante para o Brasil desde os tempos coloniais. No início para alimentar os primeiros moradores europeus e depois, como fonte de renda. Em 1516, as exportações para Portugal do açúcar fabricado na ilha de Itamaracá, mostram que a cana-de-açúcar e seu produto industrial se tornaram um esteio econômico.

O ENSINO AGRÍCOLA

No decorrer do século XIX, quatro eventos marcaram a importância dada pela monarquia ao desenvolvimento da agricultura no Brasil: Dom João VI fundou o Jardim Botânico e introduziu a cultura do chá e, nos meados do século, seu neto e imperador criou três instituições agronômicas, duas das quais se tornaram escolas de agricultura e uma permaneceu instituto de pesquisa e tecnologia. Todas passaram à República e posteriormente aos estados de sua origem.

Numa visão retrospectiva, a transferência da família real portuguesa para o Brasil em 1808 foi o marco inicial da independência do país e extremamente benéfica para a agricultura, que já se mostrava como esteio econômico da colônia.

Historiadores contam que em 1516, açúcar era produzido em Itamaracá e exportado para Portugal. Estava iniciado o ciclo da cana que se estendeu para o sul até a Capitania de São Vicente, onde Martim Afonso de Souza viria a construir um engenho.

Trezentos anos depois, Dom João VI construiu o Jardim Botânico no Rio de Janeiro e implantou o cultivo do chá. Para desenvolvê-lo, trouxe chineses de Macau, colônia portuguesa na Ásia. A cultura se desenvolveu no Rio de Janeiro e alcançou Ouro Preto, Bocaina, a cidade de São Paulo e posteriormente, fez a riqueza do Vale do Ribeira no século XX, mas sob a influência da imigração japonesa.

O Imperador Dom Pedro II, a quem a história atribui interesse pela ciência, teve visão modernizadora ao implantar o ensino e pesquisas direcionados à agricultura.

Antes dele assumir as responsabilidades do trono que era seu desde menino, por obra da abdicação de seu pai Dom Pedro I, o Brasil passou por um período político tempestuoso de regências. Nessa época o cultivo do café começou e cresceu no vale do rio Paraíba e na província do Rio de Janeiro e se tornava um poderoso esteio econômico, apoiado na mão de obra escrava.

Decretada sua maioridade, Dom Pedro II assumiu o trono e teve de apaziguar o país, abalado por muitas revoltas, muitas por causas iniciadas por questões abolicionistas. Em seu governo, o Imperador criou três institutos agronômicos, um no nordeste, um no extremo sul e o terceiro no sudeste do país.

As primeiras escolas de ensino agrícola do país foram criadas no século XIX pelo Imperador Dom Pedro II que criou também o Instituto Agronômico de Campinas. As escolas geraram os especialistas em agricultura e criação, os agrônomos, depois engenheiros agrônomos e o Instituto Agronômico com diplomados em agricultura iniciou suas atividades de observação, criação de tecnologias aplicáveis à agricultura e a divulgá-las para todos os quadrantes. A Escola Politécnica ministrou curso de agronomia depois da implantação da República até 1910.

A associação entre diplomados em escolas de agricultura e os alimentos se estreitou em 1910 com a criação oficial do ensino agrícola pelo Presidente da República, e se consolidou pela fixação das atribuições dos Engenheiros Agrônomos pelo decreto da Presidência da República em 12 de outubro de 1933, com realce às atividades voltadas a produção de alimentos. O dia 12 de outubro passou a ser conhecido como "o dia do Engenheiro Agrônomo".

A engenharia agronômica é uma carreira profissional multidisciplinar, assentada sobre ciências exatas e conhecimentos de biologia, botânica, microbiologia, química, bioquímica e ciências econômicas e sociais, dentre outras. Está em permanente atualização pelo acréscimo constante de técnicas e tecnologias geradas por pesquisas e experimentações nas variadas áreas de atuação. Suas atividades buscam diuturnamente o aumento da eficiência agrícola e zootécnica, em benefício da coletividade global e não apenas regional.

Depois da instituição do ensino agrícola, tiveram início as pesquisas na agricultura, que se tornaram sistemáticas e adequadas para orientar as práticas e métodos de cultivar plantas e a criar animais para alimentação e úteis para trabalho.

Os engenheiros agrônomos são responsáveis para o alcance desse objetivo, em qualquer nível de atuação de sua profissão. As atividades dos engenheiros agrônomos consultores, partícipes de agências de fomento, estações experimentais ou extensionistas são voltadas aos produtores. É a ocupação que lhes propicia um futuro independente e equilibrado. Quando ele se forma, nem sempre o que encontra combina com o que simpatizava ao ouvir os professores, mas o horizonte é amplo e os diplomados em engenharia agronômica encontram atividades a desenvolver no comércio, na indústria, na agrometeorologia, no combate a doenças e pragas, na produção de energia, na agricultura de precisão, na produção vegetal, na aquicultura, no ensino, na pesquisa e na produção de tecnologias, para citar apenas alguns exemplos.

Quando os autores se propuseram a escrever um texto sobre o papel dos profissionais da engenharia agronômica na sociedade, optaram por fazê-lo na área de alimentos, que é básica para o homem e para animais. O texto é eminentemente didático, e visa a descrever de maneira simples a importância do ensino da engenharia agronômica e das pesquisas técnicas e científicas na agricultura e zootecnia, como fontes primárias do fornecimento de alimentos.

Toda a matéria lecionada na escola de ensino agrícola tem por finalidade a obtenção de alimento, da plantação de cereais à criação de animais e, nas ciências sociais a exploração dos terrenos oferecidos por reforma agrária, para produzir o máximo com o disponível. Neste caso, a atuação do engenheiro agrônomo extensionista é fundamental para o sucesso da distribuição fundiária e de seu beneficiário e dependentes. A produção de alimentos, seu consumo, geração de recursos e excedentes é o fim almejado.

As atribuições dos profissionais da engenharia agronômica são muito amplas e foram definidas no Decreto no 23.196 de 12 de outubro de 1933, resumidas a seguir.

Em 29 de junho de 1973, o então Conselho Federal de Engenharia, Arquitetura e Agronomia baixou a resolução n° 218, referente às atividades profissionais do engenheiro, do arquiteto e do engenheiro agrônomo, visando a discriminar as diferentes modalidades profissionais em nível superior e médio. Em setembro de 2011, os arquitetos passaram a se subordinar ao Conselho de Arquitetura e Urbanismo – CAU.

Em outros termos, esta resolução ratifica as atribuições dos engenheiros agrônomos definidas na lei promulgada em 12 de outubro de 1933 pelo Presidente Getulio Vargas e detalha com muita clareza acompetência de suas atividades.

Pelo Art 1° da resolução e para efeito de fiscalização do exercício profissional correspondente às diferentes modalidades da Engenharia e da Agronomia em nível superior e nível médio foram designadas as seguintes atividades:

Atividade 01 – Supervisão, coordenação e orientação técnica,
Atividade 02 – Estudo, projeto e especificação,
Atividade 03 – Estudo de viabilidade técnico-econômica,
Atividade 04 – Assistência, assessoria e consultoria,
Atividade 05 – Direção de obra e serviço técnico,
Atividade 06 – Vistoria, perícia, avaliação,
arbitramento, laudo e parecer técnico,
Atividade 07 – Desempenho de cargo e função técnica,

Atividade 08 – Ensino, pesquisa, análise experimentação, ensaio e divulgação,
Atividade 09 – Elaboração de orçamento,
Atividade 10 – Padronização, mensuração e controle de qualidade,
Atividade 11 – Execução de obra e serviço técnico,
Atividade 12 – Fiscalização de obra e serviço técnico,
Atividade 13 – Produ ção técnica e especializada,
Atividade 14 – Condução de trabalho técnico,
Atividade 15 – Condução de equipe de instalação,
Atividade 16 – Execução de instalação, montagem, operação e reparo,
Atividade 17 – Operação e manutenção de equipamento e instalação,
Atividade 18 – Execução de desenho técnico.

Compete ao engenheiro agrônomo o desempenho das atividades 01 a 18 do Art 1°, desta resolução, referentes à engenharia rural, construções para fins rurais, e suas instalações complementares, irrigaçãoe drenagem para fins agrícolas, fitotecnia e zootecnia, melhoramento animal e vegetal, recursos naturais renováveis, ecologia, agrometeorologia, defesa sanitária, química agrícola, alimentos, tecnologia de transformação (açúcar, amidos, óleos, laticínios, vinhos e destilados), beneficiamento e conservação dos produtos animais e vegetais, zimotecnia, agropecuária, edafologia; fertilizantes e corretivos, processo de cultura e de utilização do solo, microbiologia agrícola, biometria, parques e jardins, mecanização na agricultura, implementos agrícolas, nutrição animal, agrostologia, bromatologia e rações, economia rural e crédito rural, seus serviços afins e correlatos.

O ensino ministrado no curso de engenheiros agrônomos tem por fim, promover o desenvolvimento científico da agricultura pela preparação técnica de profissionais aptos para o desempenho de suas atribuições. O ensino propiciou o aumento da produção de alimentos em massa, volume e qualidade (nova característica) para satisfazer a necessidade de abastecer as populações. Dessa ação surgiu um profissional habilitado a zelar pela produção de alimentos e pelas observações necessárias para manter a produção agrozootécnica em constante evolução. O destaque é o profissional de ambos os sexos, preparado em escolas de engenharia agronômica.

As propriedades de médio porte contratam engenheiros agrônomos para melhorar e garantir suas produções. Entretanto, a maneira de conduzir as lavouras e a criação de animais ainda segue em grande parte estratégias analógicas. O gado é criado extensivamente e o controle das lavouras segue de maneira convencional. O trabalho do engenheiro agrônomo não é apenas aconselhar a escolher a melhor semente, plantar adubar e colher, criar e vender. A ele compete também ensinar a proteger as nascentes, recuperar a vegetação nativa, evitar erosão, conservar carreadores e estradas, pontes e bueiros, manter cercas, preparar aceiros e outras atividades que são periféricas, mas que contribuem para melhor produção, mais produtividade e menores gastos de manutenção. Esses cuidados se refletem em melhor mobilidade, melhor conservação de máquinas, menos gasto de combustível, economia de água de irrigação, vazamentos e outros que significam economia, mais rendimento e inestimável proteção do meio ambiente. Indiretamente aumenta a produtividade dos alimentos.

Os autores consideram que não é suficiente citar a formação dos engenheiros agrônomos e divulgar suas atribuições legais para entender a importância da profissão no âmbito dos assuntos sociedade e alimentos.

É bom que sejam citados alguns exemplos reais da contribuição desses profissionais para com a produção direta de alimentos, e sua contribuição para solucionar problemas que prejudicavam a agricultura e a sociedade civil. Já se passou mais de um século depois de fundadas as primeiras escolas de ensino agrícola e vale a pena lembrar que o café começou a ser plantado comercialmente no Vale do Rio Paraíba do Sul e no estado do Rio de Janeiro durante o período do primeiro reinado sustentado pela mão de obra escrava. A lei áurea libertou-a e os cafezais foram prejudicados pela sua perda.

Ela foi substituída com demora pela imigração europeia. Os plantadores não esmoreceram, continuaram e já podiam contar com diplomados das escolas agrícolas. Estes iniciaram os estudos sobre solo, clima, plantio, espaçamento, variedades, e outros. As pesquisas seguiram com introdução de novas técnicas, como hibridações, seleção de variedades e plantio em curva de nível. As investigações fizeram surgir pesquisadores de prestígio internacional que criaram escola e formação contínua de pesquisadores de alto nível.

De diversas especialidades, técnicas foram introduzidas, mas as investigações continuam sistematicamente, para garantir as lavouras e a produzir o melhor tipo de bebida. A obra prossegue sobre as bases construídas por notáveis pesquisadores que abriram as trilhas a seguir tempo a fora por incansáveis pesquisadores. Modernamente, o café é cultivado em localidades antes consideradas inadequadas e produzindo bebida de superior qualidade. É óbvio que basicamente há um proprietário rural, mas é fundamental a orientação agronômica.

Nos meados do século XX os cafezais foram atacados pela broca do café, que exigiu extrema dedicação dos engenheiros agrônomos que conseguiram debelar a praga que causava enormes prejuízos. Foi um trabalho bem coordenado que contou com a colaboração de engenheiros agrônomos que estudavam a praga, experimentavam agroquímicos, construíam máquinas aplicadoras e desenvolviam métodos de aplicação.

Figura 1: Vista de um cafezal (crédito FEALQ)

Os engenheiros agrônomos conseguiram vencer a broca e garantir a produção do café e manter seu cultivo regularmente.

Em outra época os bananais sofreram ataque de pragas e doenças que causavam prejuízos ponderáveis aos produtores brasileiros, como também a outros países. Foram debelados por ação de engenheiros agrônomos.

Figura 2: Planta de Cacau (crédito FEALQ)

Figura 3: Laranja doente (crédito FEALQ)

As plantações de cacau na Bahia quase se extinguiram, e foram salvos pelos estudos desenvolvidos por engenheiros agrônomos fitopatologistas.

O Brasil é grande produtor de laranja e o maior exportador de suco, mas as laranjeiras são alvo de doenças causadas por fungo ou vírus e têm sido periodicamente atingidas por surtos que causam grande prejuízos aos plantadores, indústrias, exportadores e à economia. Gomose, tristeza dos citrus, cancro e "amarelinho" são algumas delas.

Engenheiros agrônomos estão constantemente em alerta e ao menor sinal de risco se colocam em campo para identificar a doença, seus causadores e vetores, para encontrar solução para a vicissitude, erradicá-la ou mantê-la sob controle.

Um exemplo marcante da contribuição dos engenheiros agrônomos para com a sociedade, saúde pública e economia, foi o combate à poluição dos rios pelo lançamento do resíduo da destilação de álcool e de aguardente nos cursos d'água na década de 1950.

Engenheiros agrônomos evidenciaram que o lançamento do resíduo no solo não o prejudicava, ao contrário do que a literatura científica internacional ensinava: material ácido adicionado a solo ácido aumenta sua acidez e tende a inviabilizá-lo para cultivo. Vinhaça, ou seja, o resíduo das destilarias é ácido e os solos também, portanto vinhaça não podia ser adicionada ao solo. Por consequência, os produtores de álcool e aguardente o lançavam nos cursos d'água onde eram diluídos e seguiam em frente.

Figura 4: Primeira experiência de adubação de cana-de-açúcar com vinhaça (1950 - Urgel)

A água dos rios contém oxigênio dissolvido, necessário para manter a vida aquática: plâncton, vegetais, animais e microrganismos.

A vinhaça é rica em matéria orgânica que tende a se oxidar e estabilizar quando o resíduo é despejado no corpo d'água.

O teor de oxigênio nas águas dos cursos é baixo, mas suficiente para assegurar a vida aquática. Entretanto, ela desaparece quando o oxigênio é exaurido pela estabilização da carga de matéria orgânica da vinhaça. Quando a matéria orgânica não encontra mais oxigênio para se estabilizar passa a se decompor, a desenvolver produtos de efeito maléfico e a causar mau cheiro que contamina a atmosfera até longas distâncias. A vinhaça polui e causa prejuízos ao meio ambiente e à sociedade.

Os engenheiros agrônomos resolveram o problema da poluição com uso da vinhaça como fertilizante em 1950, mas os poluidores resistiram a empregá-la regularmente por mais de vinte anos, por razões que não cabe discutir neste texto.

Figura 5: Experiência de adubação de algodão com vinhaça (1950-Urgel)

Ao final, a solução encontrada pelos engenheiros agrônomos passou a ser aceita, usada largamente e representa uma das maiores contribuições à conservação do meio ambiente. Sem medo de errar, é possível afirmar que sem essa solução para a poluição devida ao lançamento da vinhaça aos cursos d'água, a posição do país como dos maiores produtores de etanol estaria prejudicada, assim como a produção do alimento energético derivado da cana-de-açúcar.

Na década de 1920 os canaviais do estado de São Paulo, constituídos quase totalmente por variedades nobres de cana estavam sendo dizimados por uma doença denominada mosaico e a indústria do açúcar correu o risco de se extinguir. Salvou-a a providência de um engenheiro agrônomo que providenciou a importação de variedades híbridas resistentes à doença. Estava introduzida nova tecnologia para formação dos canaviais.

Por volta de 1974, o Brasil aderiu à campanha de produção de etanol com a cana-de-açúcar. Muitos combateram a proposta com várias alegações, entre as quais a de que a expansão do cultivo da matéria-prima concorreria para monocultura e usaria terras necessárias para a produção de alimentos.

A engenharia agronômica reagiu a essa opinião e demonstrou seu compromisso com a produção de alimentos. Professores das escolas de agronomia, pesquisadores de estações experimentais oficiais e privadas, e engenheiros agrônomos de usinas e destilarias se dedicaram às melhores técnicas de processamento para aumentar o rendimento industrial e adequar as melhores tecnologias para aumentar a produtividade da matéria-prima. Conseguiram produzir mais, melhor e com menor custo e demoliram a opinião dos que afirmavam ser proibitiva a produção de combustível alternativo renovável com a cana.

O cultivo da cana aumentou, mas não se tornou monocultura, não ocupou todas as terras agricultáveis e nem as roubou aos alimentos. Ao contrário, inseriu o álcool na matriz energética e contribuiu para que o país se colocasse entre os maiores produtores de alimentos. É um dos expoentes do agronegócio e ainda possui milhões de hectares à disposição da agricultura e da zootecnia.

No âmbito da zootecnia um bom exemplo da participação ativa dos agrônomos é seu trabalho intenso no desenvolvimento de tecnologias para aproveitamento de peixes de água doce e a aquicultura nas hidrelétricas, que vem contribuindo positivamente para o aumento do consumo de peixes.

NOVAS TECNOLOGIAS

A agricultura e as atividades com ela relacionadas evoluem dia a dia e se criam novas tecnologias. Grandes empresas exploram extensas áreas do país, seguindo as regras de agricultura de precisão, que registra avanços com crescentes benefícios. Em descrição simplista, os autores interpretam agricultura de precisão como uma somatória de estratégias que inicia pelo mapeamento da área a ser submetida a uma atividade agrícola. O mapa é construído pela partição da área em parcelas georreferenciadas com localização determinada por meio do sistema de posicionamento global – GPS. Os engenheiros agrônomos trabalham em empresas de consultoria, como consultores terceirizados ou integrados nas empresas do agronegócio. Estarão dando cumprimento à sua vocação de estimuladores da produção de alimentos, com aumento da produtividade, em menos tempo e com menores custos. Estarão direcionadas à produção de alimentos, que recebeu grande impulso e colocou o país entre os maiores celeiros. Deverá continuar em ascensão.

Normalmente, os engenheiros agrônomos de ambos os sexos, são parte de uma equipe que faz a partição do terreno, esquadrinha cada parcela e a analisa, corrige e fertiliza, estuda o solo, prepara-o para plantio ou planta diretamente, busca pragas e doenças e as combate, irriga, observa as condições meteorológicas, controla as atividades no campo, a colheita e a pós-colheita, enfim procura tornar máximas a produtividade e a economia. Métodos e estratégias computacionais orientam as atividades agrícolas com máquinas automáticas ou autônomas, e controlam a logística de colheita e distribuição do produto agrícola.

É provável que essa estratégia venha a ser aplicada em fruticultura e em outras culturas nascentes por exigência de expansão de indústrias.

As exportações de gado abatido e em pé, de carne suína e de aves são vultosas e expõem sua importância comercial para o país.

Figura 6: Maternidade suinocultura (crédito FEALQ)

Figura 7: Galpão de poedeiras (crédito FEALQ)

Por decorrência natural, as tecnologias desenvolvidas e empregadas na agricultura de precisão foram estendidas, a pecuária que se desenvolvia celeremente pela expansão da demanda nos mercados tradicionais e pela emergência de novos compradores.

As propriedades de médio porte contratam engenheiros agrônomos para melhorar e garantir suas produções. Entretanto, a maneira de conduzir as lavouras e a criação de animais ainda seguem em grande parte as estratégias analógicas. O gado é criado extensivamente e o controle das lavouras segue de maneira convencional. Dado o desempenho altamente positivo da agricultura de precisão não seria de estranhar que as estratégias agrícolas fossem adotadas para as atividades zootécnicas com devidas adaptações. Assim, surgiu a pecuária de precisão, que agrada criadores e empresários de confinamento. De início, é possível supor que a pecuária de precisão é mais complexa do que a agricultura de precisão porque o objeto de trabalho é uma população de seres vivos, moventes, com comportamentos individuais diferentes quanto às necessidades de bem estar e reações metabólicas. Na agricultura de precisão, teoricamente o meio em estudo é uma peça inerte dividida em parcelas georreferenciadas, de características químicas, físicas e biológicas diferentes que recebem tratamentos para se tornarem todas semelhantes. Cada parcela é teoricamente igual às vizinhas. Assim, as plantas recebem tratamento igual em toda a área e seu comportamento bioquímico é teoricamente o mesmo em cada uma.

No Brasil, a criação de gado é tradicionalmente extensiva e extrativa em milhões de hectares de pastagens. Ao contrário da pecuária tradicional, em que na maioria das vezes as decisões são baseadas na experiência e percepção do produtor, na pecuária de precisão as ações são realizadas com base em dados, garantindo maior eficácia, confiabilidade e consequentemente, melhores resultados.

Bovinos, suínos e aves são submetidos a dietas que lhes propicie crescimento, ganho de peso, produção de leite, carne e ovos com rapidez e economia. Esta é permanentemente voltada ao menor gasto com rações e máximo de rendimento no momento da venda, com o mínimo de perda. Um exemplo é o excesso de dias de alimentação que representa mais gasto com rações e pequeno aumento de peso em relação ao alimento extra consumido.

É importante ter sempre em mente, que todas as atividades desenvolvidas em uma propriedade agrícola estão voltadas ao lema do engenheiro agrônomo consultor, que é produzir mais, melhor e com o menor custo.

O trabalho do engenheiro agrônomo não é apenas aconselhar a escolher a melhor semente, plantar, adubar, colher, criar e vender. A ele compete também ensinar a proteger as nascentes, recuperar a vegetação nativa, evitar erosão conservar carreadores e estradas, pontes e bueiros, manter cercas, preparar aceiros, e outras atividades que são periféricas, mas que contribuem para melhor produtividade e menores gastos de manutenção. Esses cuidados se refletem em melhor mobilidade, melhor conservação de máquinas, menos gasto de combustível, economia de água de irrigação, vazamentos e outros que significam economia, mais rendimento e inestimável proteção do meio ambiente. Indiretamente aumentam a produtividade dos alimentos.

No que concerne à produção vegetal é muito importante a correção dos solos, aplicação de defensivos, supervisão sobre ocorrência de pragas e doenças que afetam diretamente a produção. A ousadia dos produtores em correr o risco de ampliar a fronteira agrícola em cerrados e em recuperar terras abandonadas, somada à capacidade dos engenheiros agrônomos de aplicar os conhecimentos técnicos e científicos da engenharia agronômica, gerados nas escolas de engenharia agronômica, institutos agronômicos, estações experimentais e empresas de pesquisa oficiais e privadas, conduziu o país a um elevado expoente de desenvolvimento agrozootécnico de destaque internacional.

As produções de cana-de-açúcar, café, milho, soja, arroz e algodão constituem o embasamento do agronegócio brasileiro que contribui para o equilíbrio econômico.

Figura 8: Bois no pasto – Fazenda Vale Formoso (Beatriz)

A primeira zootecnia de precisão foi a pecuária de precisão aplicada ao gado de corte destinada ao confinamento. Em sequência deverão vir pecuária de precisão de leite, suinocultura de precisão, avicultura de precisão e outras, às quais semelhantes tecnologias venham a ser aplicadas.

É chamada de pecuária de precisão a parte da agronomia que se dedica a criação animal com controles de peso, prazos para abate e aumento no rendimento. Falando especificamente da engorda de bois/novilhas, eles podem ser engordados em: somente pastagem que tem de ser em grande quantidade e de boa qualidade, em pastagem com fornecimento de ração a pasto, em semi-confinamento: com fornecimento de ração concentrada aos animais na proporção de 1 a 2% do peso corporal (PC), sendo caracterizadas pela grande produção de ácidos graxos de cadeia curta no rúmen, provocando quedas de PH, sendo necessários períodos de adaptação e possível uso de aditivos. Os ganhos de peso irão variar de acordo com a oferta de forragem, potencial genético dos animais, níveis de concentrado na dieta e alguns outros fatores.

Há também o confinamento com terminação de animais no cocho, na época da seca, quando diminui o ganho no pasto, melhorando ganho de peso diário e o rendimento de carcaça. Pode haver confinamentos abertos, parcialmente fechados ou em galpões fechados.

Figura 9: Terminação de bois para abate em confinamento – Fazenda Vale Formoso (Beatriz)

Figura 10: Bois sendo alimentados em centros de manejo, chamados de manga – Fazenda Vale Formoso (Beatriz)

A escolha do tipo de terminação dependerá da disponibilidade de animais aptos na sua propriedade, instalações, quantidade de pastagem disponível e fluxo de caixa. Desenvolvimento precoce, médio e tardio dos animais, raça bovina, são fatores que influem no comportamento e consequente desempenho dos ganhos do confinamento.

A pecuária de precisão é exigente com a supervisão constante e rigorosa no que se refere à qualidade dos alimentos a fornecer aos animais. Devem ser adequadamente balanceados, de composição homogênea e estar em perfeitas condições de armazenamento e conservação. Seu fornecimento aos animais em quantidades bem dosadas de acordo com seu desenvolvimento, sem faltar e sem sobrar em excesso. Os engenheiros agrônomos encontram nesse tipo de pecuária, uma tarefa de alta responsabilidade na escolha dos alimentos, no preparo das rações, fiscalização de seu valor nutricional, correta aplicação e execução das planilhas de atendimento aos animais.

No Brasil, a criação de gado é tradicionalmente extensiva e extrativa em milhões de hectares de pastagens. Normalmente as decisões são tomadas segundo a experiência do produtor e de seus administradores.

Os adeptos da pecuária de precisão afirmam que ela facilita o manejo dos animais no pasto e no confinamento, produz alimento mais seguro e aumenta a produtividade com redução de custos, meta básica dos engenheiros agrônomos, desde o consultor ou extensionista quando auxilia o produtor familiar. É fundamental para o agronegócio enfrentar aumentos de custo e escassez de mão de obra.

Uma técnica bastante utilizada na criação de gado bovino é o pastejo rotacionado, que consiste na divisão da área em piquetes, onde os animais irão alternar o uso do pasto, com isso o mesmo terá períodos de pastejo e descanso. Outra técnica comumente empregada é a instalação de um centro de manejo (manga), equipado com cochos para fornecimento de sais minerais (núcleos), outros alimentos e bebedouros para fornecimento de água.

A participação do engenheiro agrônomo de ambos os gêneros fortalece a tendência de longo prazo para a substituição da pecuária extensiva e extrativista. É uma contribuição da engenharia agronômica para a produção de alimentos mais seguros e de mais eficiência na alimentação.

As pesquisas sobre quaisquer assuntos relacionados com a agricultura e a zootecnia são realizadas nas escolas de engenharia agronômica, nos institutos agronômicos e suas estações experimentais, nas estações experimentais oficiais, nas empresas de pesquisas agrozootécnicas oficiais e privadas. Os engenheiros agrônomos ocupam posições de destaque nessas atividades.

As observações se inserem em todos os programas em desenvolvimento nas instituições de ensino e de pesquisa. Variam de ciência pura à pesquisa experimental animal, vegetal, econômica e social. Os dados agros meteorológicos são comparados com os dados obtidos em estações centenárias.

De modo geral, as pesquisas originadas de instituições de ensino nos âmbitos de mestrado, doutorado e pós doutorado, geram resultados a repetir em extensão de campo ou em culturas ou criação em grande escala, integrantes do agronegócio. Com isso, mantêm a atualização constante da profissão.

Entretanto, muitas importantes observações são atribuídas aos engenheiros agrônomos que resolvem problemas do dia a dia dos produtores rurais. Suas conclusões passam ao conhecimento geral por comunicações em reuniões e algumas são publicadas em boletins de circulação restrita.

ENGENHEIROS AGRÔNOMOS E A ALIMENTAÇÃO DOS ANIMAIS

Agricultura é a arte de cultivar a terra, ou manejá-la para obter alimentos ou outros produtos. O agricultor é quem retira os alimentos primários e, dependendo de sua evolução, ainda produz outros bens para uso geral, de lazer, comercial ou industrial. Em paralelo, o agricultor costuma criar pequenos e grande animais sobre a terra como fonte adicional de alimentos.

Os animais são alimentos para as populações humanas, e como tal devem estar em perfeita saúde quando forem abatidos para se transformarem em carne. Não podem ser portadores de qualquer espécie de doença e portadores de parasitos, ou lesões que venham a transmitir contaminações ao homem.

A manutenção da saúde é de responsabilidade veterinária, mas os animais devem ter preservado seu bem estar, refletido em condições térmicas adequadas, longe de umidade, defendidos contra ataque de insetos e, particularmente alimentados com arraçoamento adequado para garantir crescimento, ganho de peso e acabamento perfeito para a venda. Aos engenheiros agrônomos cabe essa tarefa. Devem orientar como manter os animais, baia e cochos limpos, livres de restos de alimentos, manter as rações secas. Também são responsáveis pela fiscalização de pesagem frequente e anotações das ocorrências diárias que atestem a segurança e a boa qualidade do alimento.

O país é muito extenso e a população aumenta em direção a todos os quadrantes, da mesma forma como as exigências alimentares. Com algumas deficiências, a agricultura supre as populações e o agronegócio despontou e vem garantindo a economia nacional. As pesquisas na área agrícola são sólidas e dão cobertura às exigências da agricultura, incluída a de precisão.

As exportações de carne bovina, suína e aves contribuem para o agronegócio. A pecuária de precisão se destaca e sugere futura substituição, ao menos em parte, da criação extensiva e extrativa.

É importante a atenção do engenheiro agrônomo para a definição de quais alimentos devem ser oferecidos aos animais. De um lado para a zootecnia tradicional e de outro para a zootecnia de precisão. Os engenheiros agrônomos devem supervisionar as condições que presidem o crescimento, desenvolvimento, ganho de peso ou outro desempenho definido para cada espécie e finalidade para aqual estão sendo criados.

Eles devem também definir os componentes das rações. As pesquisas sobre novas forrageiras, micro-organismos, leguminosas, capins, grãos e raízes indicam a qualidade e natureza dos alimentos. Acomposição química centesimal é importante e no caso das proteínas seu teor nem sempre é fundamental como sua qualidade. Nutrientes digestíveis, materiais flatulentos, portadores de princípios tóxicos devem ser conhecidos e evitados. Volumosos são estudados, concentrados participam e, minerais devem ser adicionados como complementos e, à medida que o animal engorda o arraçoamento se modifica.

O balanceamento correto dos componentes das rações é fundamental durante o desenvolvimento do animal. Assim, recomenda-se realizar uma dieta composta de alimentos volumosos (silagem de milho, cana-de-açúcar e outros) e alimentos concentrados, como milho e sorgo em grão, farelo de milho, casca e farelo de soja, polpa de citros, caroço de algodão, ureia e minerais, disponíveis na região.

A alimentação é o fator preponderante na criação dos animais, pois comanda todo o desempenho do animal, ou seja, crescimento, atividade reprodutiva, engorda e obtenção de outros produtos de acordo com sua finalidade. Exemplificando, se o destino do animal é a produção de carne ele deve ser alimentado até o ponto considerado ótimo para o abate. Alimentar além desse ponto significa gastar alimento sem retorno financeiro; se a finalidade é produzir leite ou ovos, os animais têm de ser continuamente alimentados para mantê-los vivos e com boa saúde, pois precisam continuar produtivos. A queda de produção exige sua substituição. Os engenheiros agrônomos são competentes para essa orientação. Produzir mais, melhor e com menos despesas é sua profissão.

Entre os animais são importantes à pecuária, suinocultura, ovinocultura, caprinocultura e pequenos animais. A aquicultura é importante; a atividade marítima é a mais antiga, mas pesca a interior vem sendo incrementada com sucesso. Aves, sua carne e ovos constituem uma parcela de grande valor econômico e participam fundamentalmente na alimentação global.

Figura 11: Colheita mecanizada de cana-de-açúcar (crédito FEALQ)

Figura 12: Colheita mecanizada de soja (crédito FEALQ)

SUGESTÕES DE LEITURA:

ROSA, E. J.; LEAÍ, I. L. escreveram UMA BREVE SINÓPSE: HISTÓRIA DA AGRONOMIA NO BRASIL, texto encontrado no Google em pdf sem data, em 04 de dezembro de 2020. Texto ilustrativo, muito enriquecedor, com bibliografia adequada para quem deseja se aprofundar no assunto, listada a seguir:

ALMEIDA, Jalcione. A AGRONOMIA ENTRE A TEORIA E A AÇÃO. 2004

CAVALLET, Valdo José. A FORMAÇÃO DO ENGENHEIRO AGRÔNOMO EM QUESTÃO: A expectativa de um profissional que atenda as demandas do século XXI. 1999.

CAPDEVILLE, Guy. O ENSINO SUPERIOR AGRÍCOLA NO BRASIL. 1991.

SILVA, Paulo Roberto da; VALE, Francisco Xavier Ribeiro do; JAHNEL, Marcelo Cabral. RETROSPECTO E ATUALIDADE DA ENGENHARIA AGRONÔMICA: Breve Histórico da Agronomia. 2010

TOSCANO, Luiz Fernando. A AGRONOMIA ATRAVÉS DOS TEMPOS. 2003.

2021

Onde houver um reassentado, onde houver um agricultor familiar, haverá sempre um engenheiro agrônomo consultor ou extensionista para lhes dar apoio e orientação.

No agronegócio haverá sempre uma equipe de profissionais especialistas pronta para novas tecnologias e desenvolvimento social e econômico.